逗子のサンゴと生き物たち

相模湾は、上層を黒潮が流れ、水深250 〜 1000mは寒流、1000m以上は深層水が循環している。南東に位置する逗子は黒潮の支流が直接あたり、黒潮と深海からの栄養素が流れ込み、多種多様の生態系を作り上げている。

撮影を行ったポイントでもあるオオタカ根は南北100 m、東西60 m、水底30mから高さ20 mの巨大な岩礁だ。潮流の通り道でもあり、壮大な生態系が形成されている。近くにツブ根、ヒグラシ根、ヌタ根といったポイントもある。

サンゴはポリプ（触手）の数で分類される。骨格を持ち６つのポリプを持つ六放サンゴは、ハードコーラル、イシサンゴともいわれる。それに対しソフトコーラルは８本のポリプを持つ八放サンゴ。

逗子の海はヤギやトゲトサカ、ウミウチワなどのソフトコーラルなどがあたり一面に見られる。魚の群れはいつ見ても圧巻だ。いくつもの群れが折り重なり合うように泳いでいく。

私はサンゴの撮影を続けている。サンゴを追って逗子に来た。逗子にアトリエを構えた。想像以上の海だ。南の海は季節を感じることは少ない。逗子の海には陸と同じように四季がある。自然のリズムを感じることができる。ソフトコーラルの見事さ、素晴らしさも格別だ。南の海にはないもう一つのサンゴの海がここにある。豊かな環境で素晴らしい生き物たちが生きている。

私はここで海の生命を追い続けている。

冬

冬の海は透明度もよく、青く良好だ。水温は14〜16℃、透明度は15〜20 m。魚たちの数は少ないが、サンゴや海草たちは元気だ。生命の始動を感じる。

冬の早朝、逗子の大崎からの朝焼

逗子は都心から最も近いダイビングポイントだ。東京から電車か車で1時間。ソフトコーラルが豊富で色鮮やか。スズメダイ、ネンブツダイなど様々な種類の魚たちも泳いでいる。

サンゴの群生は小坪マリーナからボートで10分くらい。暖かい黒潮ときれいな冷たい深層水とが交じり合い、豊かな生物相を形成している。カラフルなソフトコーラルが大変多い。その中でもヤギ類が多くを占めている。

小坪の海は、黒潮の影響なのか海はブルーで透明度も大変良い。お花畑のようなトゲトサカ群にネンブツダイの群れ。ここは魚たちのゆりかごでもある。

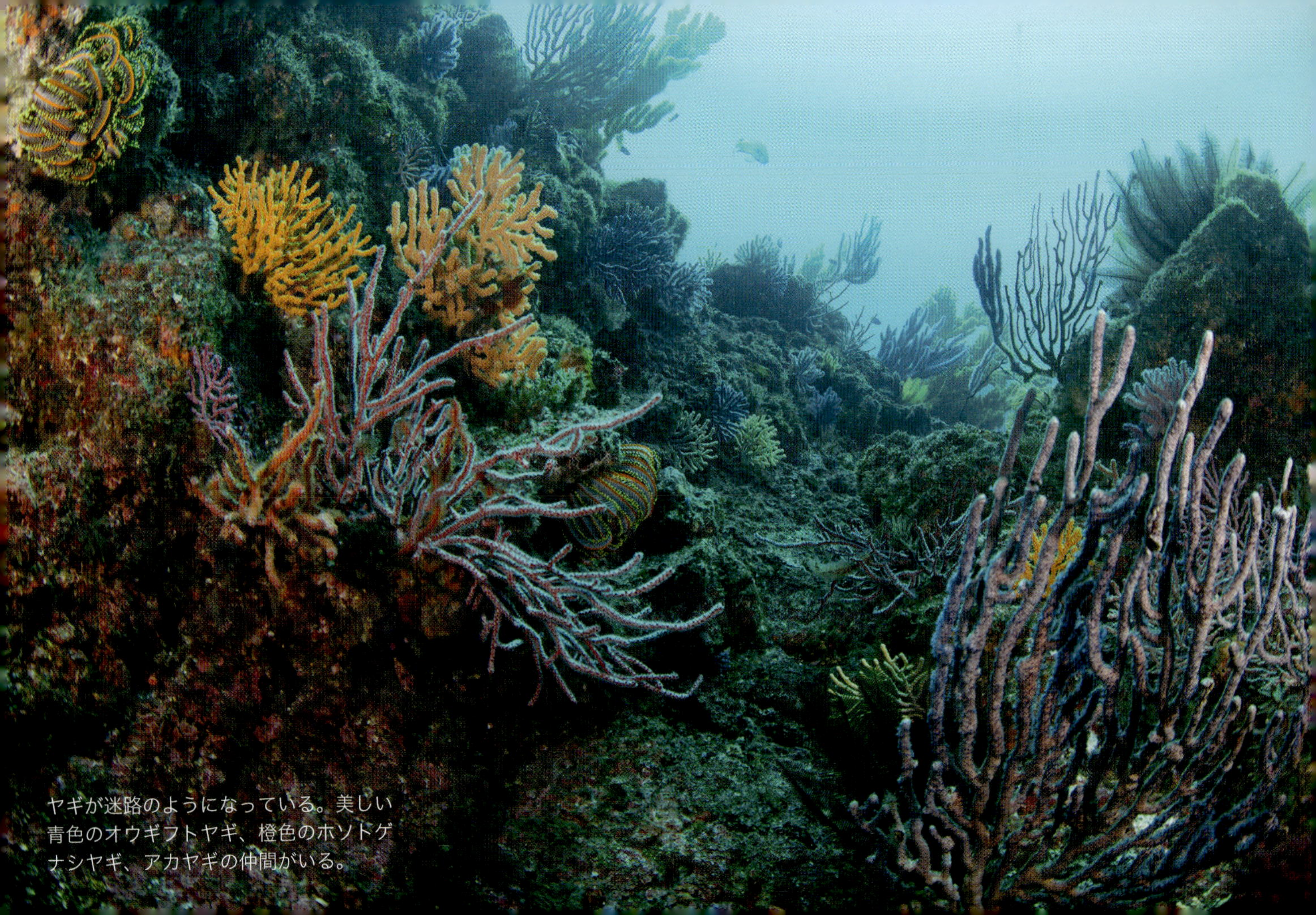

ヤギが迷路のようになっている。美しい
青色のオウギフトヤギ、橙色のホソトゲ
ナシヤギ、アカヤギの仲間がいる。

逗子の海はソフトコーラルに混じりウミシダが数多く見られる。真ん中の黄色い生物がウミシダ。ウミシダは動物であり、プランクトン等の養分を補食する。これだけウミシダが多いのは海がいかに栄養分豊富かという証明でもある。

逗子にはベニウミトサカの大群落がある。ポリプが美しく開いている。海水を吸って大きく膨れ、ポリプを開いてプランクトンを補食する。潮通しが良い場所に生息するソフトコーラルだ。

ベニウミトサカ

トゲトサカの仲間

オウギフトヤギ

アカヤギの仲間

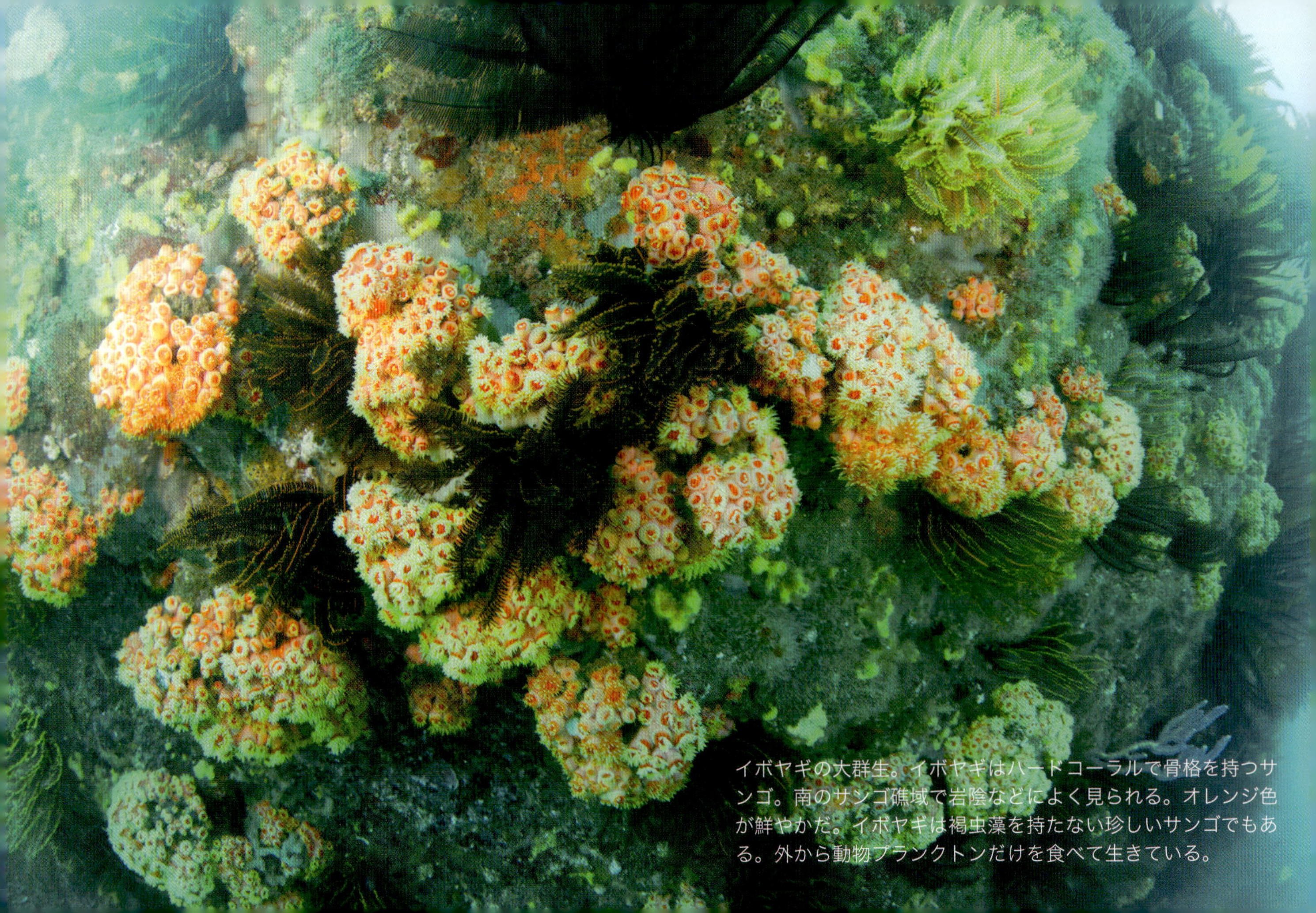

イボヤギの大群生。イボヤギはハードコーラルで骨格を持つサンゴ。南のサンゴ礁域で岩陰などによく見られる。オレンジ色が鮮やかだ。イボヤギは褐虫藻を持たない珍しいサンゴでもある。外から動物プランクトンだけを食べて生きている。

真ん中にイソカサゴが見える。ここは生き物たちのゆりかご。

フタリビワガライシはイシサンゴである。動物プランクトンを捕獲し生活している。大変面白いのはポリプが必ず２つで成長する。それを繰り返して樹状の群体を形成する。自然界の生き物は法則性があるのか。

エダイボヤギは10cm程度の高さで、数本の枝を出す。一つだけポリプが開いている。自然かつくり出す生命感あふれるオブジェだ。

触手を妖艶に伸ばしているタコアシサンゴ。同単体のイシサンゴだ。骨格の隙間からポリプを伸ばし獲物を補食する。30m位の深場に生息している。

白い花が開いているように見えるのがナシジイソギンチャク。ヤギ類などに寄生してどんどん増殖する。個体は繋がってなく群体を形成している。

カイメンの上にいるスナイソギンチャク。48本の触手を拡げている。隣にはカイメンを付着させるアケウスがいる。

カイメンに生息するアケウスというカニの仲間。アケウスはカイメンやヒドロ虫類などをちぎって体や足に付着させカモフラージュする。このアケウスはまだ一部の脚しかカイメンを付けていない。これから体全体に付けて完成だ。カイメンはあらゆる海に生息し、５億年前から存在する原始的な動物だ。

ヤギなど刺胞動物の上にいるオルトマンワラエビ。宇宙に浮遊する人工物のように見えるのは私だけか。

クダヤギに棲むアシボソベニサンゴガニ。可愛い表情に見えるが、ハサミを振りかざしこちらを威嚇している。

ニシキウミウシは色彩が派手なウミウシ。長い尾を持ち上げ、体を反っているのが面白い。

八放サンゴに分類されるムチカラマツにイボイソバナガニがしがみついていた。ムチカラマツは1～1.5m程あり、潮通しの良い海底に見られる。イボイソバナガニは外敵から身を守るためムチカラマツに擬態している。

ヤギ類の間からホシササノハベラが顔を出した。ホシササノハベラのオスが白い斑点があることからこの名前がついたと言われている。目の表情はこう語る。「ここは私のすみかだ。君はよそ者だよ」

ホンベラ

キンチャクダイ

サクラダイ

ホシササノハベラ

ここはソフトコーラルの渓谷。
多種多様なヤギが棲息している。
ヤギたちは太陽の光を受け生命力
を増しながら成長している。

イイジマフクロウウニは危険な毒を持つ生き物だ。ウニの仲間で毒針に刺されると大変痛く、強いショック状態になることもある。20ｍ前後の深い岩礁帯に多く生息する。海岸で見かけることはない。

ウミシダは50本以上の腕を持ち、潮通しの良いサンゴ礁や岩礁で腕を広げてデトリタスなどを食べている。

オオタカ根でウミシダが泳ぐ様子を
撮影した。ウミシダは２億年前から
生存する棘皮動物だ。

ホンダワラは背の高い海草だ。太陽の光を浴びて育つ。丸い球体には空気が入り、水の中で漂ったり、立つことが出来る。カジメも見られる。

ここはまるで海草の森だ。

春

春は海草が溶け込みグリーンに変わり、プランクトン等の浮遊物で透明度も低くなる。水温は16～18℃、透明度は5～10m。魚たちが湧くように現れ、海の生命は躍動する。

葉山の森戸海岸から相模湾を見る。

逗子の海は春を迎えた。水中は春濁りと呼ばれる緑色になった。これは海草が水中に溶け込んだためだ。そしてプランクトンが多くなり海は濁り始める。湧き出るようにネンブツダイが現れた。海も騒がしくなってきた。

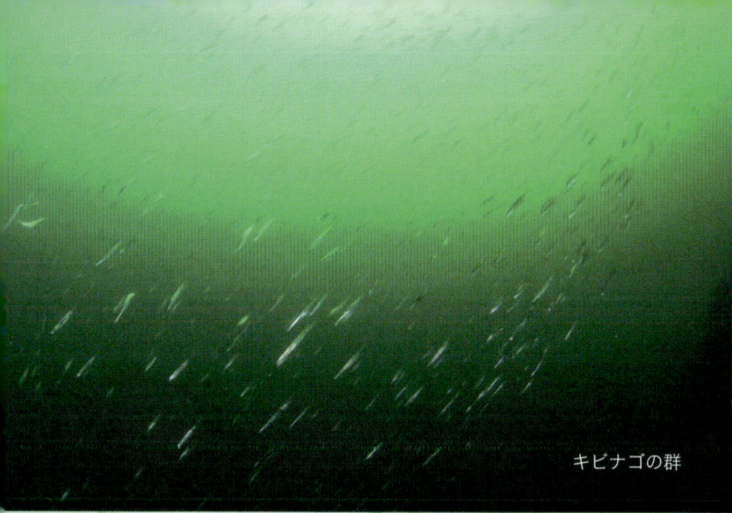

キビナゴの群

ネンブツダイの群れとイシダイ

キンギョハナダイの群れとチョウチョウウオ

イワシの群れ

逗子の海は魚影が濃い。スズメダイの群れがよく見える。魚たちは豊富なプランクトンを求めて泳ぎ回る。

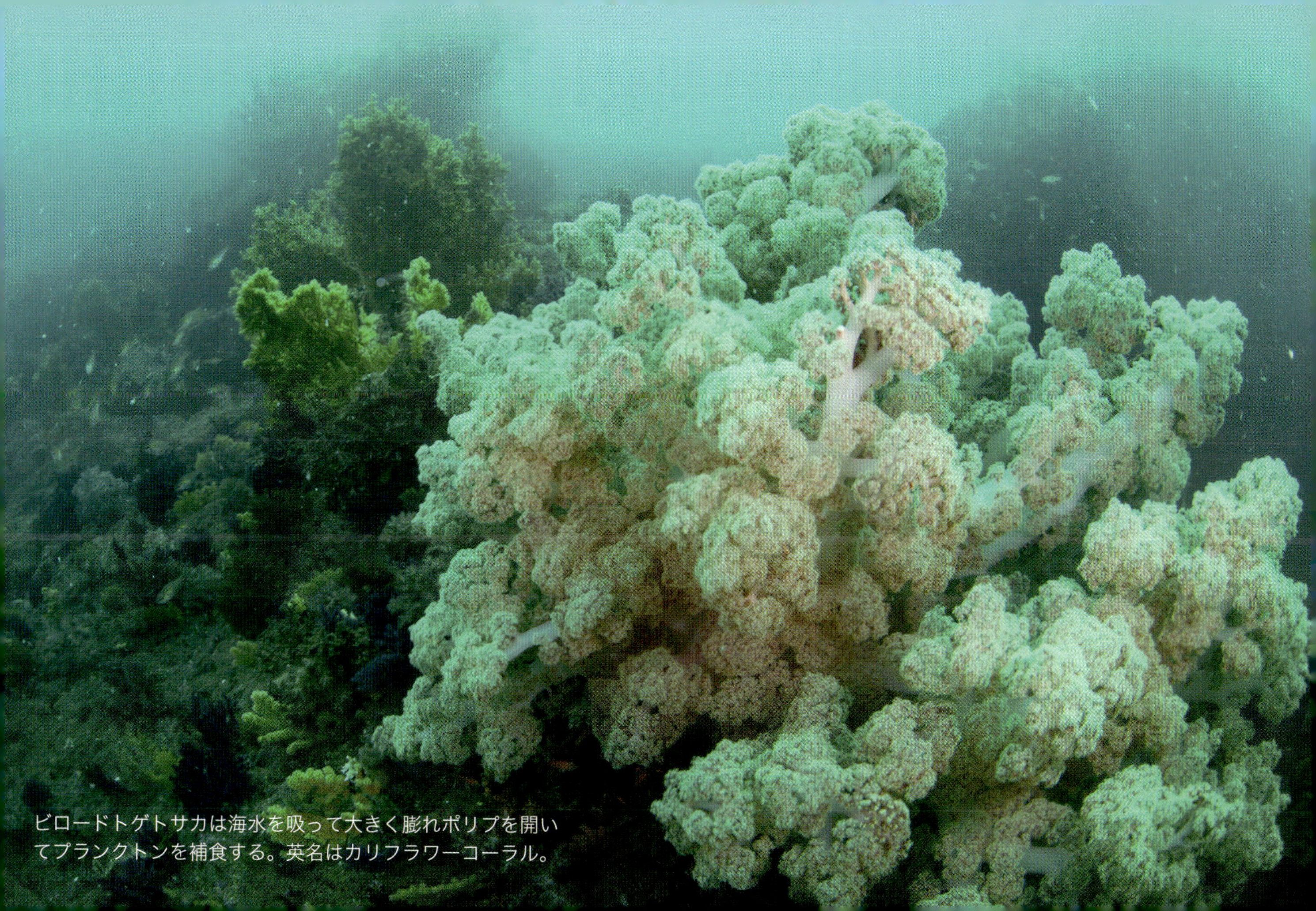

ビロードトゲトサカは海水を吸って大きく膨れポリプを開いてプランクトンを補食する。英名はカリフラワーコーラル。

オノミチキサンゴは逗子で見られるイシサンゴだ。イボヤギと同じように硬い骨格をもち、光合成をしないでポリプを開き海中のプランクトンなどを捕食している。北限が逗子である事も知られている。

逗子の海ではウツボをよく見かける。ウツボは世界の熱帯、温帯地域に生息する。本来臆病な性格なので、手を出さなければ攻撃してくることはない。

黒っぽく見えるニザダイは温帯域にすむハギ、群れはネンブツダイ、そして元気なソフトコーラル。

ソフトコーラルやウミシダを
魚の群れが取り囲む。真ん中
に見えるのはウミシダの仲間
のテズルモズルだ。

この黒いウミシダはオオウミシダだ。このウミシダは腕の長さが30～40㎝になる。腕は10本で太く、ガッシリしている。

オウギフトヤギにしがみつくウミシダ。

ウミサボテンは柔らかな群体を作る八放サンゴだ。８本のポリプが確認出来る。刺激を受けると光り始める。

ベニキヌヅツミは巻貝の仲間で、フトヤギの上で生活している。形と色が大変美しい。

クダヤギクモエビは擬態の名手だ。クダヤギに溶け込んでいる。

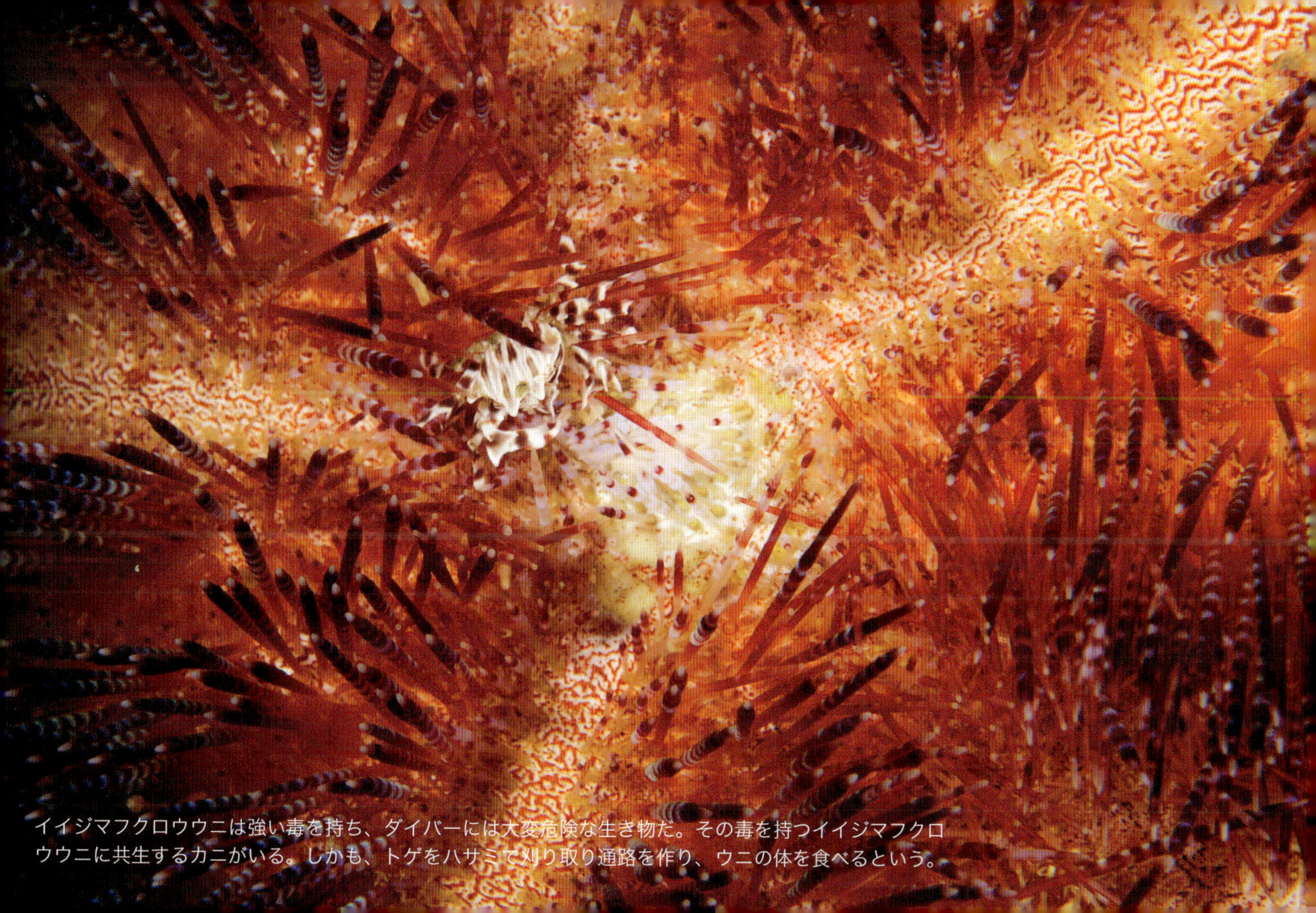

イイジマフクロウウニは強い毒を持ち、ダイバーには大変危険な生き物だ。その毒を持つイイジマフクロウウニに共生するカニがいる。しかも、トゲをハサミで刈り取り通路を作り、ウニの体を食べるという。

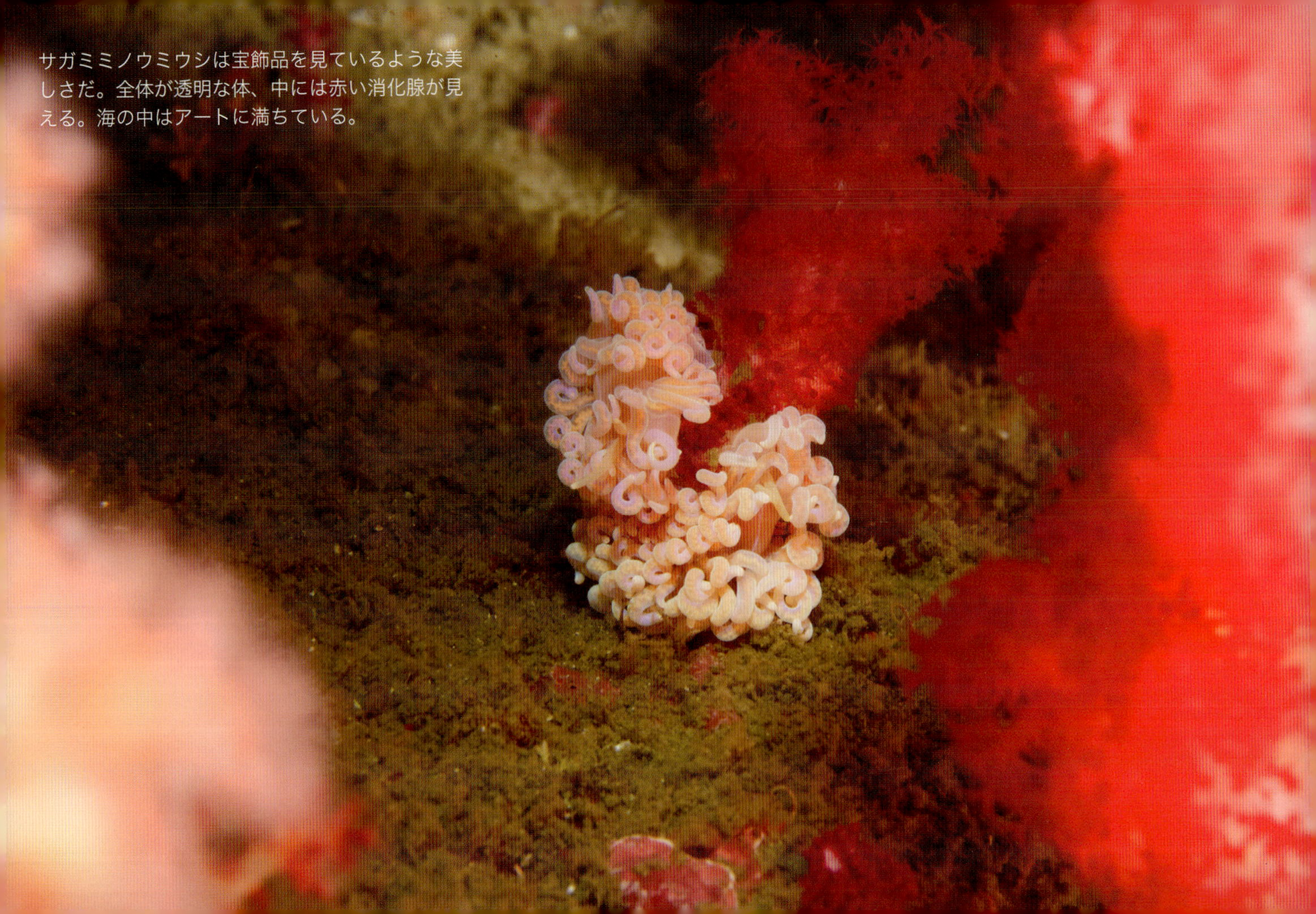

サガミミノウミウシは宝飾品を見ているような美しさだ。全体が透明な体、中には赤い消化腺が見える。海の中はアートに満ちている。

ミヤコウミウシ

コガネミノウミウシ

サキシマミノウミウシ

キイロイボウミウシ

ウミウシの卵。

愛らしい表情のハナオトメウミウシ。濃い青色の触覚が大変可愛い。
体は薄黄色、突起とふちはオレンジ色だ。ヤギ類を食べている。

コウイカは「海のカメレオン」と評されている。環境に合わせ皮膚の色を素早く変化させる。カモフラージュして敵から身を守り、獲物を補食するためだ。

アカヒトデは浅場の岩礁などでよく観察される。ヒトデは棘皮動物であり、５本の腕を持つ。５本の腕で移動したり、体勢を維持する。ヤギに捕まっている様子が何ともユーモラスだ。それこそ人がつまっているように見える。

トラウツボは岩礁域やサンゴ礁域に生息している。体色がトラ模様に似ているのでこの名前が付けられた。角のように突き出して入る鼻孔が特徴だ。

カサゴが海を見ている。獲物を見ているのだろうか。カサゴは頭部が大きく笠をかぶっているように見えることからそう呼ばれている。

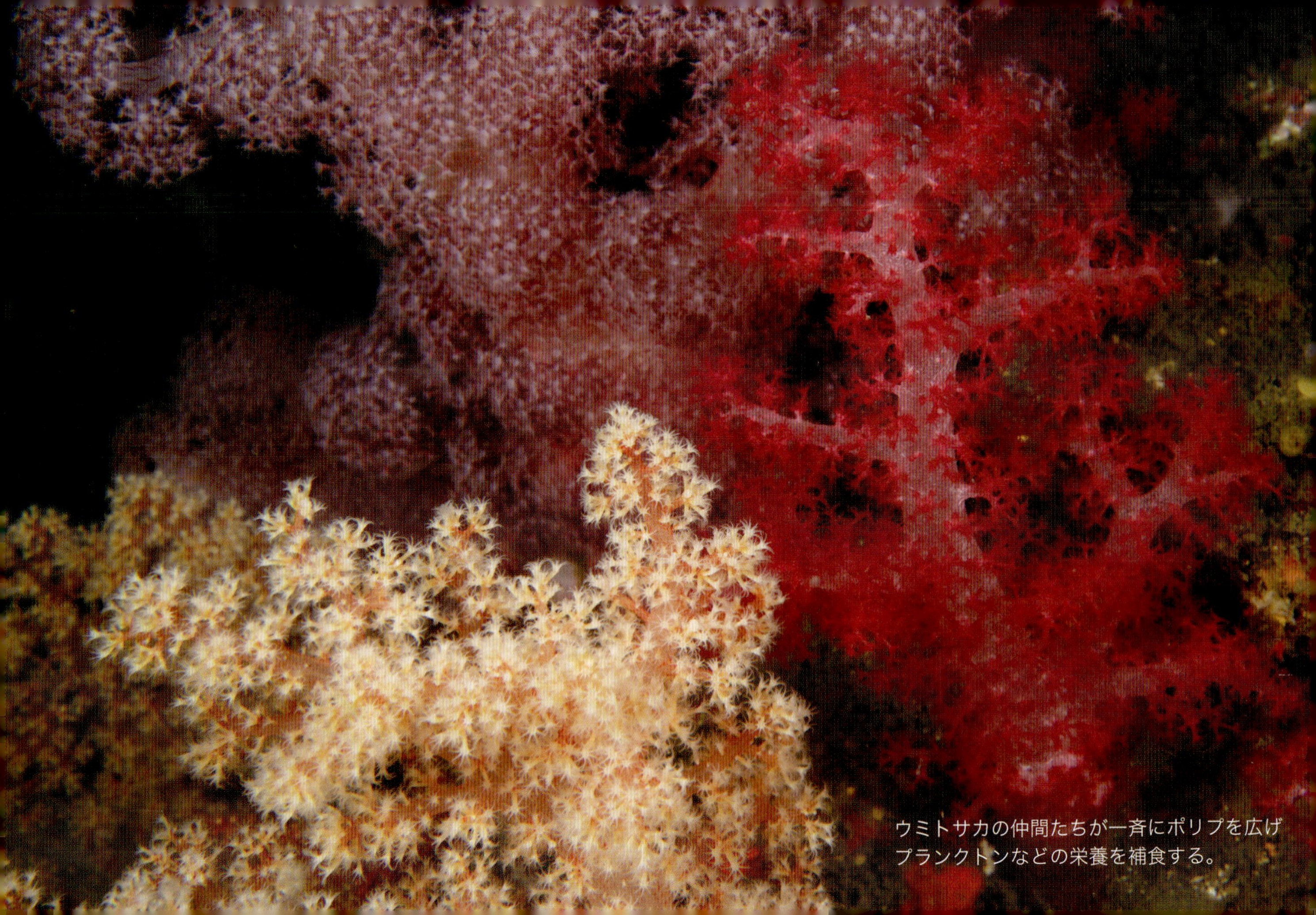

ウミトサカの仲間たちが一斉にポリプを広げ
プランクトンなどの栄養を補食する。

ヤギの中で休むササノハベラ、愛らしい表情だ。

夏

夏は魚や海の生き物たちも活発だ。水温は18 ～ 22℃ 、透明度は10 ～ 15m。海の色は緑からふたたび青に変わる。

逗子湾は夏真っ盛りだ。海は夏の光で煌めいている。

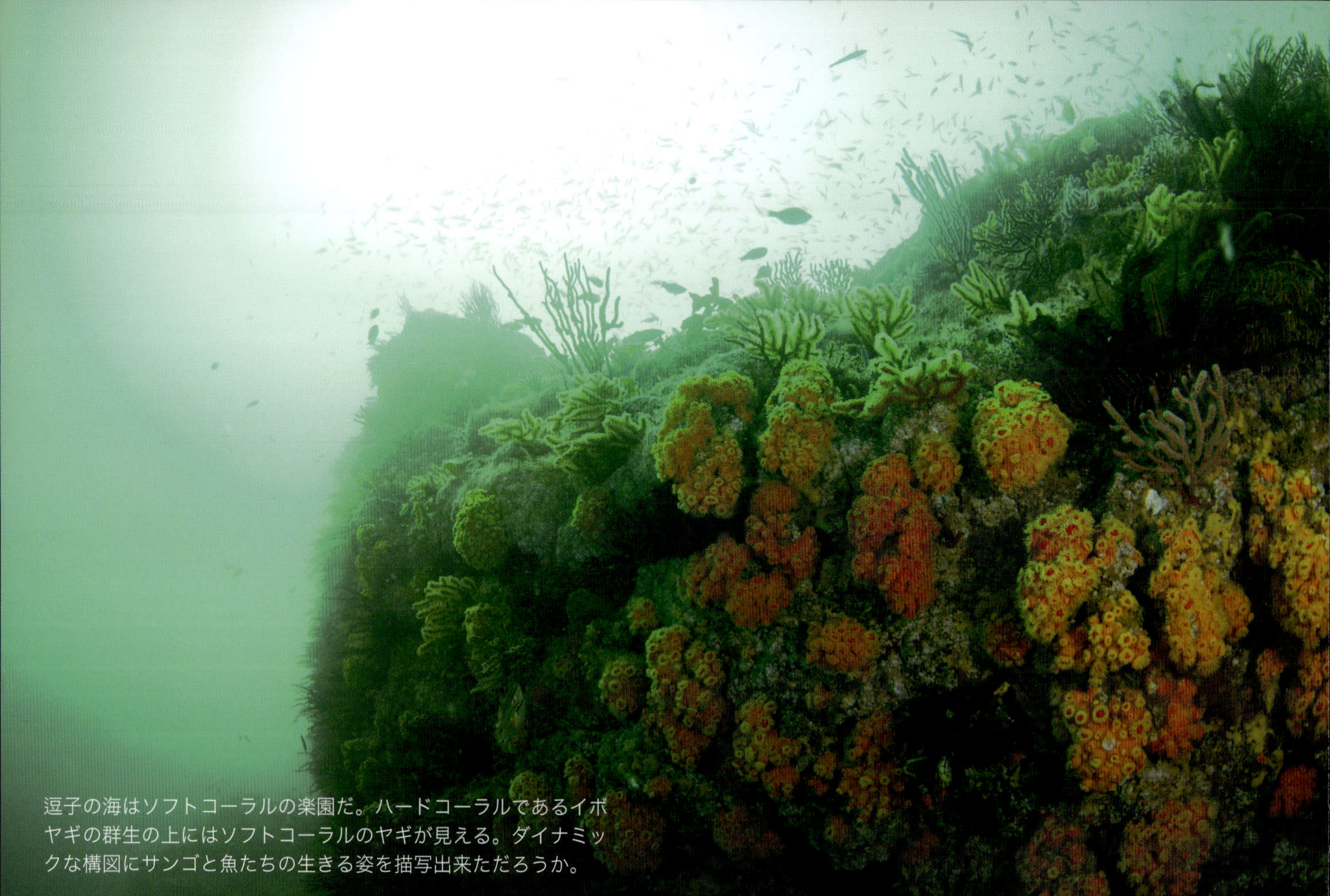

逗子の海はソフトコーラルの楽園だ。ハードコーラルであるイボヤギの群生の上にはソフトコーラルのヤギが見える。ダイナミックな構図にサンゴと魚たちの生きる姿を描写出来ただろうか。

広範囲に生息しているベニウミトサカ。
ポリプが閉じたり開いたりしている。

アミノヒラヤギは沖縄の離島やインドネシアなどでよく見られるソフトコーラル。これはかなり大きく１ m位あるだろうか。ネンブツダイ、スズメダイも見られる。

ウミシダの色は多様でオレンジや黄、緑など。腕は多いもので100本以上ある。

逗子の海はまるでお花畑のようだ。特にヤギ類がカラフルで愛らしく見える。ヤギの仲間は八放サンゴ類に属する刺胞動物だ。この仲間はほとんど群体となり、小さなポリプを持つ。羽状の突起が８本の触手を持つ。

ゴンズイは密集隊形の群れを作り、ゴンズイ
玉と呼ばれる。ヒレに強い毒棘がある。

ネンブツダイ

マツバスズメダイ

ウツボ

カワハギ

ウミトサカの仲間である陰日性のトゲトサカの
ポリプは８本。確認出来るでしょうか。

ミナミハコフグはその愛くるしい姿にダイバーに大変人気。ダイバーの間では「幸せを呼ぶ黄色いサイコロ」と呼ばれている。サンゴの間から正面を向いた表情が面白い。

アカハタがじっとしているので近づいて
撮影した。キリッとしたいい表情だ。

カゴカキダイ

イシダイ

コウライトラギス

キュウセン

逗子は黒潮が流れ込む海だ。黒潮が運ぶ栄養により豊かな生態系が保たれているのだろうか。

イソカサゴがヤギに包まれて休息している。イソカサゴの周りはヤギのポリプが全開だ。サンゴがカサゴを包み込むようで、優しい気分になった。

逗子でハナタツを撮る。ヤギから顔を出した愛くるしい表情。ハナタツはダイバーがよく見かけるタツノオトシゴの仲間。動物プランクトンを補食する。

ガラスハゼはムチカラマツなどに着く、ガラスのように透き通る体に６本の横縞がある。

イボヤギのポリプを食べるイボヤギミノウミウシ。食べられたイボヤギの白い骨格がむき出しになっている。

サンゴに棲むユビウミウシ体長は１～２㎝。
まるでエイリアンみたいだ。

逗子の海は美しいウミウシが観察出来る。中央はボブサンウミウシ、上はイガグリウミウシ。どちらも鮮やかな色彩に美しい造形をしている。まるで宝飾品みたいだ。

コマチガニはウミシダと共生している。
ウミシダの裏に棲んで生息している。

コノハガニを撮影した。額に海草を付けてカモフラージュすることもあるという。色彩は海草の周囲の色に似せている。笑えるような愛くるしい顔だ。

カニの仲間のモクズショイは映画のトランスフォーマーに出て来そうだ。体にカイメンや海草を付けて擬態している。

夜になり姿を表し動き始めたイシダタミヤドカリ。

サンゴのマンションに住むスズメダイ。

岩の隙間にいた伊勢エビを見つけた。鎌倉海老とも呼ばれていた。体長35㎝のもなる大きなエビである。

アカエイは目と噴水孔を出して砂地に潜んでいる。危険を
感じると素早く逃げる。大きさは50㎝以上あった。

秋

秋の海は青く、ベストコンデションだ。水温は18 ～ 20℃ 、透明度は15 ～ 20m、時に30mを超える。魚たちの群れも多くなり、群れが重なる光景は圧巻だ。黒潮に乗って幼魚たちもやって来る。

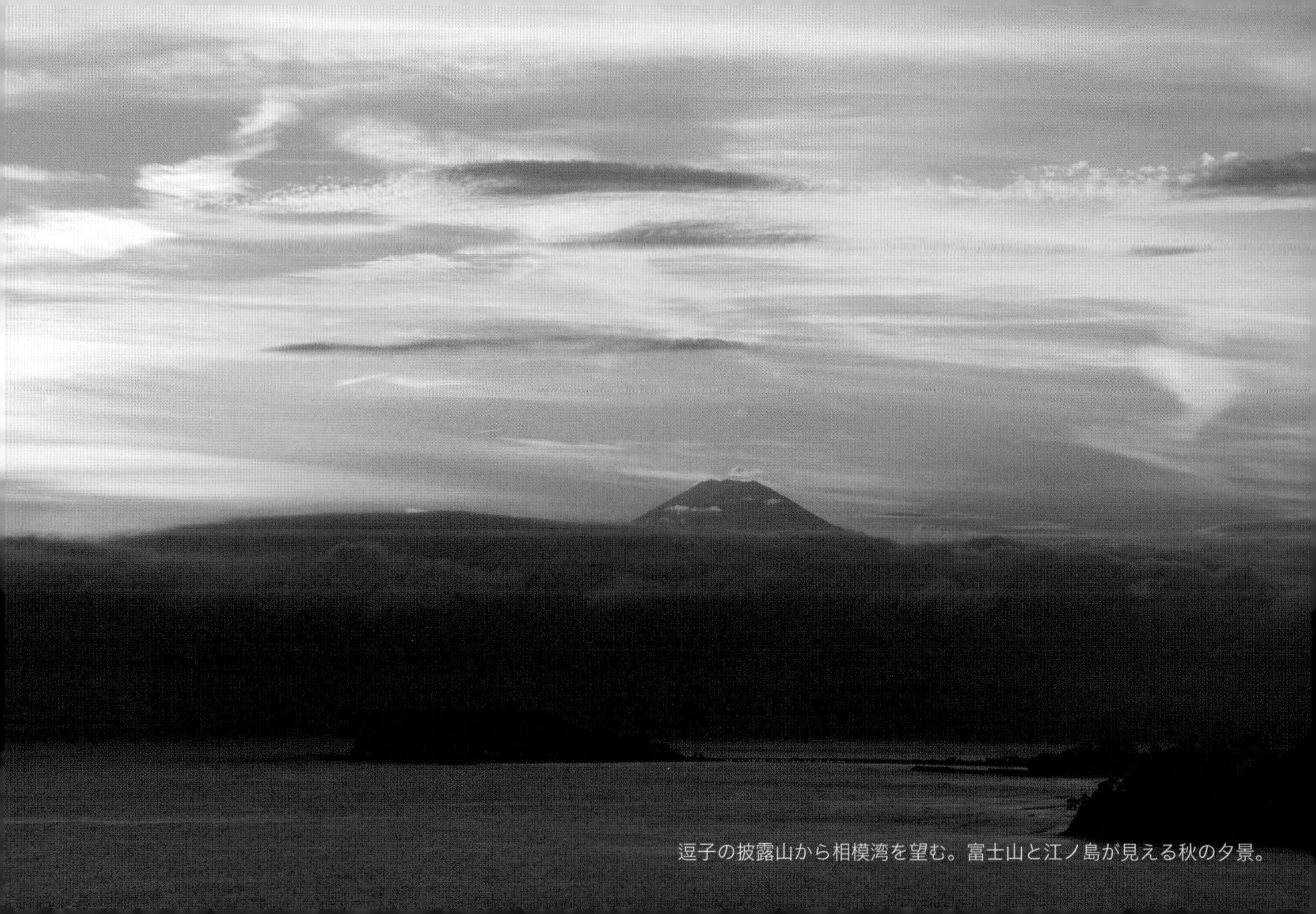

逗子の披露山から相模湾を望む。富士山と江ノ島が見える秋の夕景。

海の青さとどこまでも抜ける透視度に驚いた。ポイントに着くなり船長が言った。黒潮が入っている！エントリーすると、いつもは見えない底が見える。根の水底は30mなので、透明度が30mあることになる。サンゴが色鮮やかに青い海に映えている。マアジ、スズメダイ、キンギョハナダイ、ネンブツダイ、イサキ、そしてカマス、特にカマスの大群があちこちで見られた。

イサキとキンギョハナダイが乱舞する。太陽光が
サンゴたちを照らし、魚たちは泳ぎ回る。

逗子の海は秋になって透明度が増し、魚影も濃くなったようだ。南国のイメージが強いキンギョハナダイの群れもよく見られる。

カマスの大群が横切った。凄い迫力だ。

魚たちはフトヤギに集まり生活している。左にはササノハベラ、オレンジはキンギョハナダイ、ブルーはソラスズメダイだ、一番左はチョウチョウウオ科のシラコダイ。

逗子はソフトコーラルが多く、カラフルな海だ。オレンジとブルーが鮮やかなフトヤギ、緑色のウミシダが強烈な色彩を放っている。

アオサハギの幼魚。ヤギの中で
懸命に泳いでいる。

ミノウミウシが体を折り曲げているのが面白い。

キイロウミウシが赤いソフトコーラルに付いていた。

ホソハスエラウミウシが軽快に泳ぎ回っていた。背面は
黒地に白い縦線が入って、触覚の半分から先が橙色だ。

スナイソギンチャクに共生するハクセンアカホシカクレエビ。胴体が透明で、カラフルだ。正面を向いた姿が愛らしいが、威嚇しているのだろうか。

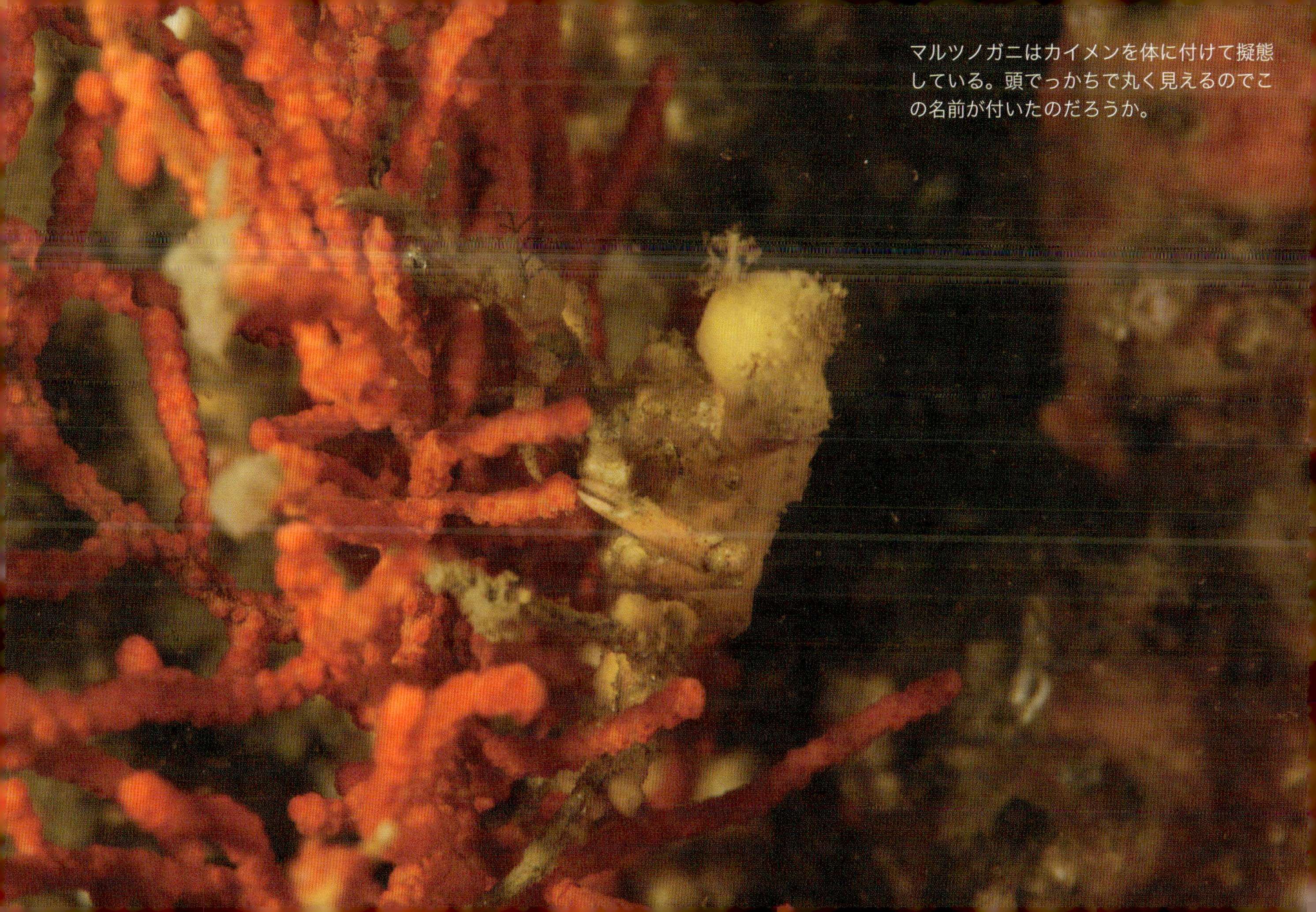

マルツノガニはカイメンを体に付けて擬態している。頭でっかちで丸く見えるのでこの名前が付いたのだろうか。

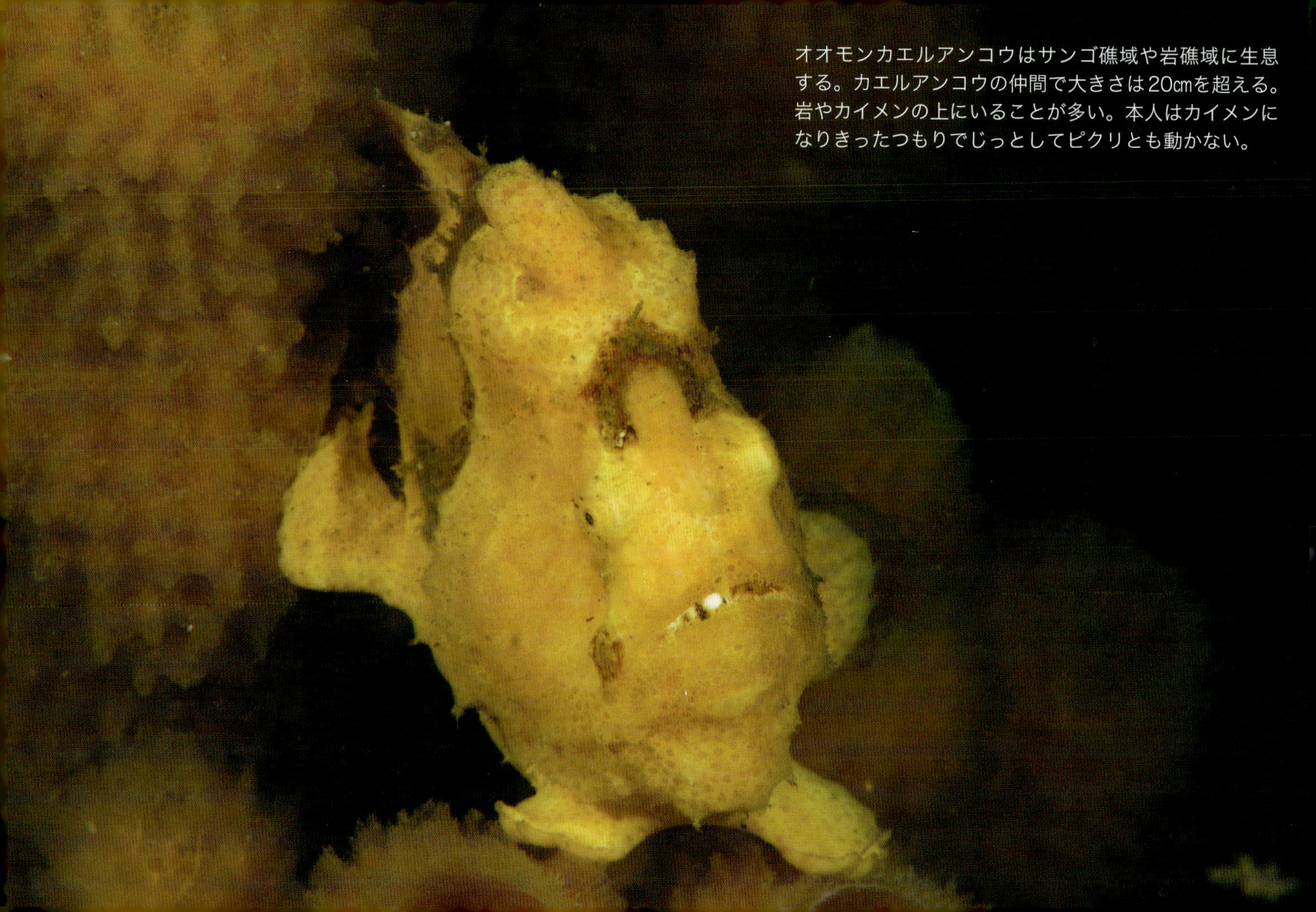

オオモンカエルアンコウはサンゴ礁域や岩礁域に生息する。カエルアンコウの仲間で大きさは20㎝を超える。岩やカイメンの上にいることが多い。本人はカイメンになりきったつもりでじっとしてピクリとも動かない。

マツカサウオはよろいのようなウロコをまとい、黄色い体をしている。岩穴に隠れている。英名はパイナップルフィッシュ。

クダゴンベは紅白の格子模様がとても可愛い。

ニジギンポは愛嬌のある表情と動き回る仕草が可愛い。ウミシダの間を行き来していた。

キリンミノカサゴは色鮮やかな魚だ。しかし毒を持ち小魚やエビなどの甲殻類を補食する。

スベスベマンジュウガニは美味しそうな名前
だが、毒を持っているので食べられない。

ソフトコーラルの間からヒラメがこちらをのぞいている。産卵のために深場からやってくる。奇妙な目をしている。歯も鋭い。体の色も砂地に変化させている。獲物を狙い、敵から身を守るために進化したのだろう。80㎝くらいあった。

ノコギリヨウジはウニの仲間のガンガゼの周辺で泳いでいる。危険が迫ると毒を持っているガンガゼの間に隠れる。

豊かな海だ。岩礁にはソフトコーラル、ウミシダ、スズメダイ、シラコダイ。右奥にはタカノハタ。生物たちの楽園だ。

イナダがイサキの群れを追う瞬間。中央のやや右に見えるのが２匹のイナダで群れはイサキ、奥の小さい群れはスズメダイである。

あとがき

　私が水中写真家になったのは石垣島のサンゴ礁大規模白化に遭遇した事が契機だ。1987年より独学で水中写真の撮影を始め、サンゴ礁の美しさに魅せられていサンゴを求めて海外を旅した。ある時、頻繁に通っていたモルジブのサンゴが年々減少するのを実感し、なぜサンゴが少なくなっていくのだろうと不思議に思っていた。その後、石垣島のサンゴの撮影を始めた。石垣島のサンゴ礁は海外と比べても規模が大きくて色彩も鮮やか。まるで京都の箱庭を思わせるようで均整がとれて美しい。2002年から石垣島のサンゴの撮影を始めた。2008年大変な出来事が起こった。夏の一週間のでサンゴ礁が、真っ白になってしまったのだ。サンゴが水温の異常な上昇で白化した。サンゴに栄養分を与えていた褐虫藻が無くなり、白化したサンゴはやがて藻が付き黒くなり、崩れるようになくなってしまう。

　20015年に逗子を拠点に撮影を始めた。逗子はソフトコーラルの宝庫だ。私のテーマは環境と生き物の関係性を描く事。サンゴという環境に魚たちや生き物はどのように生きているのだろう。それは私たちがこの地球環境とどのように生きるか、どのようにかかわるかといったテーマに通ずる。私たちは地球環境の一員でもある。海は様々な表情を見せる。そこに生きる生き物たちの姿に私は感動を覚える。私は素晴らしい海の撮影を続けていこうと思う。最後に、長期にわたり取材に協力して頂いた逗子・葉山ダイビングリゾートの皆さんにお礼を申し上げます。

長島《ながしま》　敏春《としはる》

1954年東京生まれ。水中写真家として世界のサンゴ礁地域を旅し、様々なメディアにサンゴの現状を発表している。サンゴを通じ、自然環境の素晴らしさと保護を発信している。現在は神奈川県逗子市を拠点にサンゴの撮影を続けている。逗子市に「海と森のギャラリー」を開設。著書に「サンゴの海」「マングローブ生態系探険図鑑」（偕成社）がある。

撮影・長島恵子

Facebook https://www.facebook.com/toshiharu.nagashima
HP http://www.sangokun.com

相模湾の四季　逗子サンゴものがたり

2018年7月20日　初版発行

著　　者　長島敏春
発 行 人　石川眞貴
発 行 所　じゃこめてい出版
　　　　　〒214-0033　神奈川県川崎市多摩区東三田3-5-19
　　　　　TEL 044-385-2440　FAX 044-330-0406
　　　　　URL http://www.jakometei.com/
企画・制作　山田　仁
D T P　Katzen House
印刷製本　モリモト印刷

ISBN978-4-88043-453-7 C0645